七十二变大冒险

魔法·小·镇

韩雨江　李宏蕾◎主编

吉林科学技术出版社

U0160295

图书在版编目（CIP）数据

魔法小镇 / 韩雨江，李宏蕾主编 . -- 长春 ：吉林
科学技术出版社，2021.6
（七十二变大冒险）
ISBN 978-7-5578-8074-3

Ⅰ．①魔… Ⅱ．①韩… ②李… Ⅲ．①科学实验—少
儿读物 Ⅳ．① N33-49

中国版本图书馆 CIP 数据核字 (2021) 第 101939 号

七十二变大冒险 **MOFA XIAOZHEN** 魔法·小·镇

主　　编　韩雨江　李宏蕾
绘　　者　长春新曦雨文化产业有限公司
出 版 人　宛　霞
责任编辑　汪雪君
封面设计　长春新曦雨文化产业有限公司
制　　版　长春新曦雨文化产业有限公司
选题策划　长春新曦雨文化产业有限公司
主 策 划　孙　铭　徐　波　付慧娟
美术设计　李红伟　李　阳　许诗研　张　婷　王晓彤　杨　阳
数字美术　曲思佰　刘　伟　赵立群　李　涛　张　冰
文案编写　张蒙琦　冯奕轩

幅面尺寸　170 mm×240 mm
开　　本　16
字　　数　125 千字
印　　张　10
印　　数　1-5000 册
版　　次　2021 年 6 月第 1 版
印　　次　2021 年 6 月第 1 次印刷
出　　版　吉林科学技术出版社
发　　行　吉林科学技术出版社
地　　址　长春市福祉大路 5788 号出版集团 A 座
邮　　编　130118
发行部电话 / 传真　0431-81629529　81629530　81629531
　　　　　　　　　　81629532　81629533　81629534
储运部电话　0431-86059116
编辑部电话　0431-81629518
印　　刷　吉林省创美堂印刷有限公司
书　　号　ISBN 978-7-5578-8074-3
定　　价　32.00 元 / 册（共 5 册）

前言

随处可得的实验材料
让每个人都能成为小科学家

炫酷的动画 * 新奇的故事 * 奇妙的实验 * 简单的操作

一个名叫唐吉的小孩，他是《西游记》迷，听说在这个世界上有最神奇的智慧法宝——"古约门之盾"，得到它的孩子将会变成这个世界上最有智慧的人，也会将善良之气散播人间。唐吉梦想着自己有一天也可以邂逅几个小伙伴踏上征途，去寻找"古约门之盾"。一次偶然的机会，唐吉遇到了异世界的老人，为他提供了"古约门之盾"的线索。

有一天，唐吉去图书馆找书，书柜上忽然飞出一本神奇的书，翻开之后一个字都没有，这时强光闪现，瞬间神奇的事情发生了，一个小镇从书中立了起来。

当唐吉回过神时自己已经坐上了孙小空、包子、蓝琪三人乘坐的小飞云，一起开始了他们的"西游之路"。飞到中途的时候，小飞云忽然冒黑烟坏掉了，他们四人随即掉了下去。

唐吉四人虽初次相逢，却仿佛是多年的老友。他们沿着小镇一路寻找，误入无时之城、村庄、游戏王国等提供线索的地方。途中经历了考验，遭遇了"绑架"，帮助了人们，获得了信任。最后，他们获得了"古约门之盾"的其中一块碎片——"勇敢之心"。可下一块碎片在哪儿呢……

目 录

008 无字天书之谜

019 第①变 时间沙漏

030 第②变 蜡烛吸水

041 第③变 指南针

052 第④变 有磁性的勺子

061 第⑤变 泡沫大喷发

070 第⑥变 会魔法的绳子

078 第⑦变 瓶子吞鸡蛋

086 第⑧变 无限画廊

095 第⑨变 神奇的喷水柱

106 第⑩变 会画画的牛奶

115 第⑪变 魔法水塔
第⑫变 瓶子快跑

125 第⑬变 迷你跷跷板

133 第⑭变 灭火神力

142 第⑮变 吹不灭的蜡烛

153 勇敢之心

人物介绍

姓名：**唐吉**

* 性别：男
* 年龄：11 岁
* 梦想：成为最有智慧的人
* 性格特征：

　　唐吉为人保守，喜欢读书，终日沉浸在自己的理想世界中，梦想着有一天能成为这个世界上的智慧尊者，用自己的能力开创出一个新的思维生活空间。但不得不说，唐吉是几个孩子中懂得最多的人。

姓名：**孙小空**

* 性别：男
* 年龄：9 岁
* 梦想：成为一个可以拯救世界的大英雄
* 性格特征：

　　孙小空为人正直勇敢，心地善良，乐于助人，快言快语，遇到不公平的事情会挺身而出。但有点狂妄自大，法术不精，冲动的个性让他经常好心做错事，闹出很多笑话。不过愤怒会激发他的小宇宙，调动他的潜在能力。他用心地守护着身边的伙伴们，每当遇到危险时都竭尽所能带领他们逃脱困境。

姓名：猪小包

* 性别：男

* 年龄：9 岁

* 梦想：成为一个吃尽天下美食的美食家

* 性格特征：

　　猪小包小名包子，整天贪吃贪睡，胆小怕事，行动力非常差，经常拖团队的后腿。但是他没有心机，见不得朋友伤心，却又不知道自己能做些什么。可是他打个哈欠就能制造出龙卷风，处在危险境地时一个屁也能发挥神力，误打误撞地解救了朋友。没有食物的时候脾气会变得暴躁，吃饱了力气就会变得很大，是团队中的"贪吃大力神"。

姓名：蓝琪

* 性别：女

* 年龄：10 岁

* 梦想：成为一名美丽与智慧并存的勇者

* 性格特征：

　　长相甜美，非常讨人喜欢，大智若愚，善于观察。当朋友遭遇危机时，会挺身而出，救朋友于水火中。蓝琪为人和善，善于聆听，在团队里经常起到指挥的作用。

今天我们要做的实验是……

回想中 ○○○○○○

咕嘟咕嘟

暂时还不属于我？这是在暗示我吗？

这节课就到此为止，大家回去好好练习。

你们多努力，要是有机会得到"古约门之盾"，那可就是最聪明的孩子了。

古约门之盾？

老师，请等一下。

一路小跑

怎么了？

老师，我刚才听到你说"古约门之盾"？

走动

东张西望

走动

那是世界上最神奇的智慧法宝！

这个需要智慧和勇气，而且……

老师说的"古约门之盾"会在什么地方呢？

唐吉边走边想老师说过的话……

真的有这么神奇的书吗？

对啊！听说就在图书馆。

这是不是与"古约门之盾"有关？

而且运气很重要！

唐吉快速冲进图书馆的大门

呼呼呼

呼呼

在这里!

飞出

我一定要拿到!

第①变

时间沙漏

扫描章节最后一页，
观看实验视频教程

你好，我想问一下这里有没有修理店？

你们是遇到麻烦了吧？

对呀，而且是大麻烦呢！

这条路的尽头住着我们这里最有学识的人。

遇到什么事找他就对了。

应该能赚好多钱。

应该很好吃。

这？我们到了？

小飞云会自己修复的。

至于"古约门之盾",它属于智慧、勇敢、坚强之人。

出了城堡,一直走到对面的小国。

回头

那里应该有你想要的线索。

真的走了。

喔

这里有好多的书。

小空,别乱翻书,不礼貌。我们先出发吧!

无时之城

听说有客人来，我便早早派后厨准备了午餐。

我们来这有事相求。

上菜！

有什么事边吃边说嘛。

王子你好，不知能否告诉我们"古约门之盾"的消息呢？

噗！

这包子里的肉没蒸熟？

咳咳！

怎么会这样？你们是怎么做饭的？！

惊！

今天风大，一根香燃完了就把包子端了过来。

翻

沙漏的沙子流完一次需要15分钟的时间。

沙沙

蒸包子刚好可以用它计时。

15分钟后

包子来啦！

哇，好香啊！

这个东西确实好，能不能把它送给我，就当是交换"古约门之盾"的消息了？

思考……

能不能制作出一个大一点的，能用一整天的沙漏呢？

让王子来买我们的制作方法，赚点钱路上花。

可以啊！我教你们做吧。

没有生意头脑！这么好的赚钱机会！

25

为什么不让王子用钱买我们的制作方法？

这样可以帮助到这里的人啊。

小沙漏的粉是用蛋壳粉做的，现在我们没办法找到大量的蛋壳粉。

有了！

我们也可以用大理石磨成的粉。

王子殿下、诸位客人，80千克的大理石粉已经磨好。

那还等什么，快装进去吧！

等一下！

漏斗中间的口径不大，我算了一下，只需一半就够用一天的时间。

第②变
蜡烛吸水

扫描章节最后一页，
观看实验视频教程

哇！这也太美了吧！

哒……

抓

捉一只蝴蝶有什么了不起的。

这么快就把客人请来了!

这……

还不快松开!

快给他们松绑！

我听说了你们在"无时之城"的事情。

所以想请四位帮个忙。

既然有事求我们，还这样对我们！

是我的错，我的错，大王说用最快的速度请你们来，我就……

慌

不知道请我们来是需要帮什么忙？

最近小女儿玲玲一直不开心，我想请你们把她逗笑。

你们干吗？

你看我。

吁

扔

嗖嗖嗖

闪亮

哇，好美！

真好看！

簪子送你了，开心吗？

小物件而已，爸爸会送我很多的。

大家别泄气，我有办法了。

凑近

无聊 ・・・・・・

玲玲，你有蜡烛吗？

无聊的人，你又要干吗？

给你变个魔术，特别有趣！

什么？你会变魔术？

兴奋

道具准备好了。

围 观

倒

摆 上

啪

等蜡烛熄灭就行了。

盖 上

过了一会儿……

蜡烛灭了！

大家看杯子中的水面……

哇！好神奇！

其实原理很简单，蜡烛燃烧会消耗空气中的氧气，

当蜡烛将杯子里的氧气消耗完以后，蜡烛就熄灭了。

因为杯子里的氧气消耗完了，气压减小，

杯子外面气压大，就把水吸进了杯子里面。

原来是这样呀！唐吉哥哥好聪明！

第③变
指南针

扫描章节最后一页，
观看实验视频教程

把鞋脱掉就行了。

身上没有铁制的东西才能安全进到村里。

进来吧。

爷爷，这是我在村口遇到的客人。

不料被困在村口。

族长爷爷，我们是来寻找"古约门之盾"的线索的。

天色已晚，先住一夜，明天再细说。

你们不觉得这个族长爷爷有些奇怪吗？

他看起来很慈祥，你别乱怀疑。

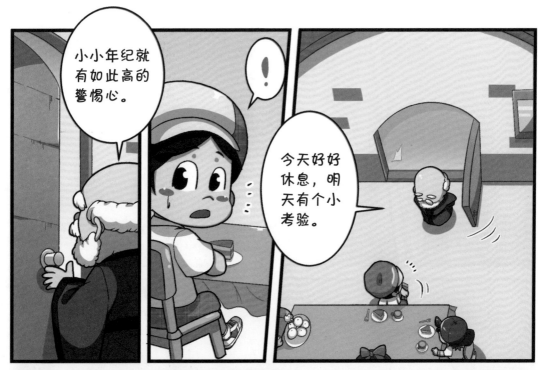

第④变
有磁性的勺子

扫描章节最后一页，
观看实验视频教程

爷爷，您快告诉我们"古约门之盾"的消息吧。

天呐！

"古约门之盾"能与人合为一体！

可是十年前，它已成碎片。

看来这段旅程不轻松啊！

要想得到它，必须先找齐碎片才行。

小机灵鬼挺有眼光的。

这可不能直接送给你。

您需要我做什么，我一定尽力而为。

直接送你，你也不会用。

我得教你一个使用技能。

哇！那太好了！

去取一个铁勺和一盒回形针来。

将铁勺在磁铁上来回摩擦。

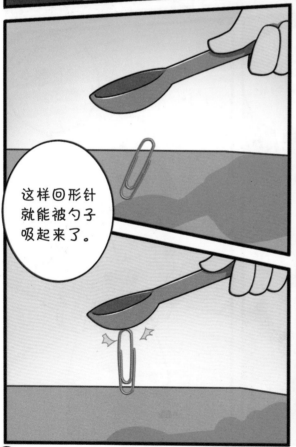

这样回形针就能被勺子吸起来了。

所以这黑石应该就是书上说的"磁铁"。

那当然，我可是大力神！

那里很无聊，时间也过得非常慢。

是不是快乐的气氛能让那里的时间正常流转？

小姐姐好聪明！

第5变
泡沫大喷发

扫描章节最后一页，
观看实验视频教程

然后把绿色和粉色色素分别滴入两个杯子里。

在玻璃杯中各加入4~5滴洗洁精搅拌均匀。

最后快速加入1~2勺小苏打粉。

快看!

哇!冒出来了!

App扫一扫,观看实验视频教程

69

第⑥变
会魔法的绳子

扫描章节最后一页，
观看实验视频教程

为什么冰块被吊起来了？

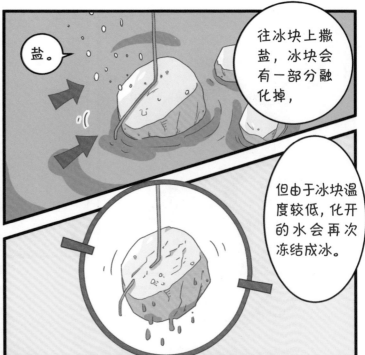

盐。

往冰块上撒盐，冰块会有一部分融化掉，

但由于冰块温度较低，化开的水会再次冻结成冰。

这样放在冰块上的绳子就被冻起来了。

原来还有这种神奇的事！

可以回家教我的孩子们了！

快进去呀！

哎呀！我的傻丫头！

我有办法让鸡蛋进到瓶子里去。

你是说完整的鸡蛋吗？可瓶口那么小？

App 扫一扫，观看实验视频教程

第⑦变
瓶子吞鸡蛋

扫描章节最后一页，
观看实验视频教程

其实道理很简单。

纸片刚烧尽时，瓶子是热的。

鸡蛋扣在瓶口后，瓶子内的空气冷却并收缩。

当空气收缩，瓶内空气压力小于瓶子外空气压力，外面较高的气压就会把鸡蛋挤到瓶子内。

气压是鸡蛋被瓶口吞没的原因。

哇，这太神奇了吧！

好刺眼的光。

大家被光刺得睁不开眼睛。

这就是游戏王国的入口。

守护这里这么久，我也是第一次看到入口。

……

……

太好了！

这都少不了我的功劳！

这个送你们，路上用得着。

这是什么？

"美幻魔方盒"，在路上无聊的时候可以打开它。

这可是我们无趣地带最珍贵的东西了!

是的,这是先人留下的唯一一个有趣的物品。

无聊的时候才能打开它吗?

会有意想不到的惊喜哦!

美女姐姐,你人真好!

第⑧变
无限画廊

扫描章节最后一页，
观看实验视频教程

我们一起做几个吧！

就是！多做几个不就行了，有什么好抢的。

双面胶

卡纸

首先，找一张风景画，将有图案的一面向内折叠。

折成一个盒子状。

把一面镜子粘到打孔立面的内侧，另一面镜子粘到对应的另一个立面内侧。

镜子。

镜子。

粘好后，一个完整的盒子就做好了。

做出来是这样吗？

对，就是这样。

光线从上面照下来，

从圆口看过去，看看是什么样的风景。

出现了无限循环的图案。

和刚才的不一样，但是也很美哎。

哇噢！

能在盒子里看到无限长廊主要是因为有光的照射。

长廊的图片经过两块平行放置的平面镜，多次反射形成多个像。

这样边走边看，就不担心无聊了。

最后呈现出无限长廊的效果。

App 扫一扫，观看实验视频教程

第⑨变
神奇的喷水柱

扫描章节最后一页,
观看实验视频教程

103

第⑩变
会画画的牛奶

扫描章节最后一页，
观看实验视频教程

这本《趣味点点》可是我们这儿的百科全书啊！

已经给你们安排好住处了。

第⑪变
魔法水塔

第⑫变
瓶子快跑

扫描章节其中两页，
观看实验视频教程

我们再学一个彩虹的制作吧。

这个看起来复杂一点，要准备4个塑料杯、色素、滴管、白砂糖、搅拌棒和水。

在三个塑料杯中分别加入2勺、4勺和6勺白砂糖，再向杯子中加入20毫升的水，用搅拌棒搅拌，使糖融化。

分别向三杯糖水中加入不同颜色的色素。

用滴管分别吸取一种颜色的糖水，让糖水沿着杯壁慢慢流入。

这样漂亮的彩虹就出现了。

哇！真的好漂亮！

因为每杯水中都加入了不同量的糖。

糖含量越多的水，密度就越大。

密度大的液体在下方，密度小的液体在上方。

所以呈现了漂亮的液体分层的现象！

App 扫一扫，观看实验视频教程

最后一个比赛项目是"瓶子快跑"，瓶子最快抵达终点者获胜！

比赛工具是两个大小相同、重量相等的瓶子，

沙子、水、一块长方形木板和几本厚书。

瓶子中只能装一种东西，而且不能装满。

工作人员负责计时

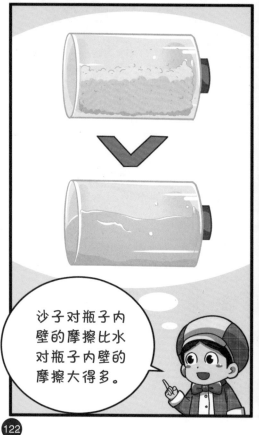

你们带着聚智金字塔去村庄收集3个扇贝。

扇贝就是智慧石吗？

是的，因为只有真正有智慧的人才能找到扇贝，所以扇贝又叫作扇贝智慧石。

可是这个和"古约门之盾"有什么联系呢？

收集3个扇贝便可以打开聚智金字塔，获得"古约门之盾"的一个碎片。

App扫一扫，观看实验视频教程

124

第⑬变

迷你跷跷板

扫描章节最后一页，
观看实验视频教程

我们的跷跷板比赛时间快到了，想做一个迷你跷跷板作为奖品。

是缺少材料吗？

什么也不缺，是做不出来。

我可以帮你们做，但是有一个条件。

什么条件？

准备好2个塑料杯、4块海绵块、1根长棍、1卷双面胶。

先将4块海绵块搭建好，再将1根长棍插入3块海绵块中心。

在长臂的一端粘上塑料杯，看看跷跷板的变化。

在长臂的另一端也粘上塑料杯，跷跷板恢复平衡。

看起来很好玩！

真的太感谢你们了!

在我打开之前,你先把聚智金字塔拿出来。

App 扫一扫，
观看实验视频教程

谢谢爷爷，
下次我还来！

第⑭变
灭火神力

扫描章节最后一页，
观看实验视频教程

吃饱了真好，动力十足！

我们到了！

麦芒村

你可以吃下一顿了。

麦芒村？

麦芒村

难道这是天神！

天神！天神来了！

带天神去见村长！

嘿嘿……

这里阳光很强。

房子经常因为空气干燥而着火。

把制作灭火器的方法教给你们吧。

准备塑料瓶、小苏打、醋、蜡烛和水。

向塑料瓶中倒入小苏打。

真是太感谢你们了!

村长爷爷!

能不能给我们一点干粮带着?

有什么事急着走,不能留下来住几天?

我们要快点找到下一块扇贝智慧石!

谢谢！

我放在肚子里存着！

孩子们，等一下……

？

这可能就是你们要找的东西！

那个方向应该是下一块扇贝智慧石所在的方向。

App 扫一扫，观看实验视频教程

那我们就先告辞了，再见！

嗯！

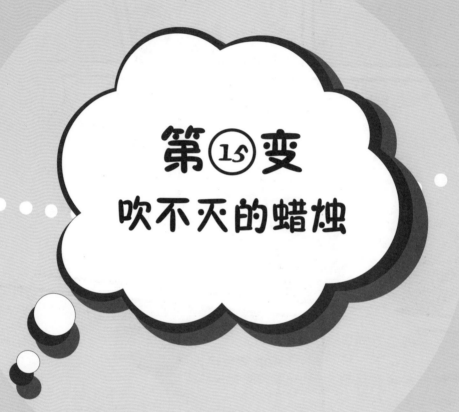

第⑮变

吹不灭的蜡烛

扫描章节最后一页，
观看实验视频教程

143

是谁？

我们是从外村来的。

是4个孩子呀！外面风大，快进屋吧。

不好意思，这里风大，电缆经常会被外力损坏导致停电。

这里的风一直都这么大吗？

是呀！家家窗户经常被吹开，挡也挡不住，蜡烛也会灭掉。

这样就好了！

这还有一个小孔？

风很难吹进小孔里，所以蜡烛不会熄灭。

他们家的蜡烛怎么一直没有灭？

外面什么声音！

应该是邻居，看我家一直亮着便聚了过来。

为什么宽口对准蜡烛吹气，蜡烛不会熄灭，细口对准蜡烛，蜡烛就会熄灭？

其实原理很简单。

唐吉，快给我们讲讲吧。

从漏斗的细口吹气时，气体逐渐疏散，气压减弱，风速变慢，所以蜡烛并不容易被吹灭。

如果从漏斗的宽口端吹气，气体逐渐集中，气压增强，风速加快，所以蜡烛就很容易熄灭。

原来如此啊。

这都是邻居们送来的！

村子里每家都被意外点亮。

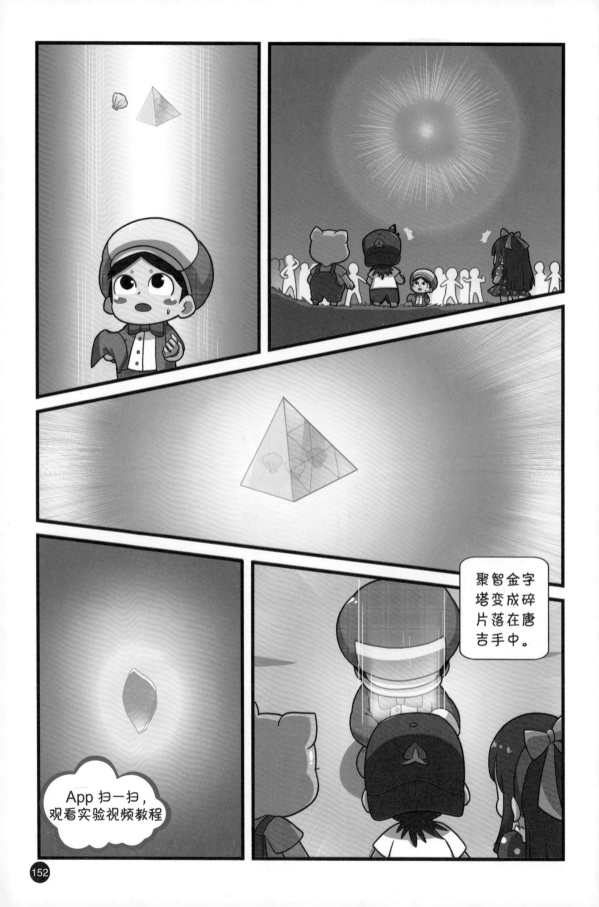

聚智金字塔变成碎片落在唐吉手中。

App 扫一扫，观看实验视频教程

勇敢之心

我们有事要先走了。

路上小心。

再见！

终于成功收集到一块"古约门之盾"的碎片了！

勇敢之心

勇敢之心？

这块碎片有它自己的名字？

嗯，是的，每块碎片应该都有着特殊的含义。

哈哈！我们现在要出发去找下一块碎片咯！

我们现在出发去哪里？